SITZUNGSBERICHTE DER SÄCHSISCHEN AKADEMIE
DER WISSENSCHAFTEN ZU LEIPZIG

Mathematisch-naturwissenschaftliche Klasse

Band 122 · Heft 1

HERBERT BECKERT

BEMERKUNGEN ZU DEN ANWENDUNGEN DER THEORIE DER WAHRSCHEINLICHKEIT

AKADEMIE-VERLAG BERLIN

Vorgetragen in der Sitzung am 12. Februar 1988
Manuskript eingereicht am 28. März 1989
Druckfertig erklärt am 25. Februar 1990

ISBN 3-05-500806-5
ISSN 0371-327X

Erschienen im Akademie-Verlag Berlin, Leipziger Straße 3—4, Berlin, DDR-1086

Lizenznummer: 202 · 100/90
Printed in the German Democratic Republic
Gesamtherstellung: VEB Druckhaus „Maxim Gorki", Altenburg, DDR-7400
LSV 1075
Bestellnummer: 764 114 7 (2027/122/1)

Die Theorie über Wahrscheinlichkeit gehört, was ihre quantitative Seite anlangt, zur Mathematik, was ihre erkenntnistheoretische Seite anlangt, zur Philosophie, in ihren vielschichtigen Anwendungen aber steht sie im Austausch mit allen Erfahrungswissenschaften und befruchtet sie. Wir wollen hier anhand der geschichtlichen Entwicklung der Mathematisierung von Wahrscheinlichkeit die Palette typischer Anwendungen auf diesen Etappen kurz beleuchten und dabei den hohen Stellenwert der Wahrscheinlichkeitstheorie innerhalb der mathematischen Teilgebiete und für die Naturbeschreibung, die philosophische Erkenntnis sowie für die Psychologie unseres Denkens aufzeigen. Dabei läßt es sich auf diesem wissenschaftshistorischen Streifzug nicht vermeiden, in Fachkreisen wohlbekannte Tatsachen der Wahrscheinlichkeitsrechnung in den Blickkreis zu ziehen.

Die Erfindung der Differential- und Integralrechnung durch Newton und Leibniz im 17. Jahrhundert gab den Blick frei und lieferte zugleich den Schlüssel zur rasch sich ausbreitenden Mathematisierung weiter Teile der Naturwissenschaften. Zunächst war das Anwendungsfeld der aufblühenden Mathematik über einen längeren Zeitraum die Mechanik, ausgelöst durch Newton selbst, den Begründer u. a. der theoretischen Mechanik, dann weiter über Bernoulli, Euler, d'Alembert bis zur Vollendung der klassischen Mechanik durch Lagrange, Hamilton und Jacobi.

Wenige Jahre vor der Erfindung der Differential- und Integralrechnung begannen sich einige bedeutende Mathematiker in Frankreich wie Blaise Pascal und Pierre de Fermat und der holländische Physiker Christian Huygens für eine Mathematisierung der Wahrscheinlichkeit zu interessieren. Es ging hier nicht um naturwissenschaftliche Anwendungen, sondern um mathematische Untersuchungen von Hasardspielen, die besonders unter Heinrich IV. und Ludwig XIV. in Frankreich aufblühten und in deren Bann breite Kreise der oberen Stände und des gehobenen Bürgertums gerieten. In der naturwissenschaftlichen Forschung, die sich seit Galilei von den philosophisch-theologischen Spekulationen getrennt hatte und sich sachgemäßen experimentellen Beobachtungen von Einzelerscheinungen zuwandte, traten Probleme zur Wahrscheinlichkeit naturgemäß nicht auf. So ist es verständlich, daß die Wahrscheinlichkeitsrechnung zu dieser Zeit im Milieu der Glücksspiele entstand.

Auch LEIBNIZ wandte sich im Januar 1676 in Paris mit einer Studie der Wahrscheinlichkeitsrechnung zu, in welcher er ausdrücklich die Arbeiten der genannten Mathematiker mit: „Le calcul des partis, que Messieurs Pascal et Huygens ont entrepris par apres" erwähnt. Später, 1678, ging er in Hannover nochmals auf die Wahrscheinlichkeitsrechnung ein in einer Abhandlung mit der schon treffenderen Überschrift: „De incerti aestimatione", welche u. a. in [5] kommentiert wird. LEIBNIZ geht hierin von der Bestimmung des Begriffs „gerechtes Spiel" aus: gleicher Einsatz, gleiche Spielbedingungen. Die Wahrscheinlichkeit definiert LEIBNIZ als „Grad der Möglichkeit". Mehrfach wird die Gewinnmöglichkeit richtig als Verhältnis der günstigen Fälle zu der aller gleichmöglichen Fälle erklärt, wenn auch in etwas umschreibender Form. Es ist interessant, daß LEIBNIZ zwischen Hoffnung, etwas zu gewinnen, und — komplementär dazu — Furcht, etwas zu verlieren, unterscheidet.

JAKOB BERNOULLI (1654—1705) gab diese Unterscheidung mit Recht auf, indem er ausdrücklich erklärte, daß unter Hoffnung beim Spielausgang nicht nur die Erwartung eines günstigen, sondern auch eines ungünstigen Ergebnisses verstanden werden müsse. Sein Werk „Ars Conjectandi" [3] bedeutet einen Meilenstein für die weitere Entwicklung der Wahrscheinlichkeitsrechnung und hat viele neue Anwendungen erschlossen, u. a. mit der Binomialverteilung

$$W_k = \binom{n}{k} \cdot p^k \cdot q^{n-k} , \tag{1}$$

die die Wahrscheinlichkeit angibt, wann bei einer Reihe von n unabhängigen Versuchen k mal das Ereignis A der Wahrscheinlichkeit $p(A) = p$ eintritt, und dann $(n - k)$ mal das zweite denkbare Ereignis B mit der Wahrscheinlichkeit $q = 1 - p$. Für dieses mannigfache Deutungen zulassende Modell erschloß J. BERNOULLI das fundamentale Gesetz der großen Zahlen, das besagt, daß die relative Häufigkeit $h_n = k/n$ der Wahrscheinlichkeit nach für $n \to \infty$ gegen p konvergiert.

Damit baute J. BERNOULLI die Brücke von der subjektiven zur objektiven Auffassung von Wahrscheinlichkeit: Ihr zufolge dient die Wahrscheinlichkeitsrechnung zur Aufstellung solcher Gesetzmäßigkeiten, die nicht am einzelnen Ereignis, sondern in den Mittelwerten vieler gleichartiger Ereignisse zum Ausdruck kommt. Das Gesetz der großen Zahlen ermöglicht natürlich auch umgekehrt die Messung der Wahrscheinlichkeit eines Ereignisses durch die relativen Häufigkeiten $h_n = k/n$ bei sehr vielen Versuchen. Über das allgemeine Problem der Ermittlung von Vertrauensgrenzen für die unbekannte Wahrscheinlichkeit vergleiche z. B. [29].

Wesentlich weitergeführt wurde dann die Wahrscheinlichkeitsrechnung durch P. S. de Laplace (1749–1827) vor allem auch vom philosophisch-erkenntnistheoretischen Standpunkt her mit seinen berühmten Vorlesungen und Hauptwerken [20, 21], in denen er u. a. seine Definition der Wahrscheinlichkeit in der Mathematik explizierte. Die Wahrscheinlichkeitstheorie ist nach Laplace im Grunde nur der der Berechnung unterworfene gesunde Menschenverstand; sie lehrt das mit Genauigkeit abzuschätzen, was ein gerader Verstand mit einer Art Instinkt fühlt, oft ohne daß er sich darüber Rechenschaft geben kann. Wir werden auf diese Tatsache später nochmals zurückkommen.

Nach Laplace hat man in der Mathematik die gesuchte Wahrscheinlichkeit eines Ereignisses durch Zurückführung aller Ereignisse derselben Art auf eine gewisse Anzahl von gleichmöglichen Fällen und der Bestimmung der dem Ereignis günstigen Fälle zu ermitteln. Das Verhältnis dieser Zahl der günstigen Fälle zu der aller möglichen Fälle ist ein Maß p dieser Wahrscheinlichkeit, $0 \leqq p \leqq 1$. Die für die weitere Entwicklung der Wahrscheinlichkeitsrechnung folgenreichste Leistung von Laplace bestand darin, daß er in dem Ausdruck (1) für die Binomialverteilung W_k, der für große n schwierig auszuwerten war, weil in $\binom{n}{k}$ die Fakultäten großer Zahlen auftreten, einen Grenzübergang für $n \to \infty$ ausführte. Er zeigte, daß die Binomialverteilung für n unabhängige Versuche asymptotisch für $n \to \infty$ gegen die sogenannte Normalverteilung

$$f(x) = \frac{1}{\sqrt{2\pi}\,\sigma}\, e^{\frac{(x-m)}{2\sigma^2}} \quad ; \quad \sigma = \sqrt{n \cdot p \cdot q}, \quad m = n \cdot p \tag{2}$$

an den Stellen $x = k$ konvergiert. Die Funktion $f(x)$ wird durch eine glockenförmige Kurve dargestellt, die in der Literatur als Gausssche, aber auch als Laplacesche Kurve bezeichnet wird und in der Wahrscheinlichkeitsrechnung eine grundlegende Rolle spielt.

In seinem philosophischen Werk [20] führt Laplace u. a. aus: „*Hier lege ich ohne Benutzung der Analysis die Prinzipien und allgemeinen Ergebnisse der Wahrscheinlichkeitstheorie dar mit Anwendungen auf die wichtigsten Fragen des Lebens, bei welchen es sich in der Tat größtenteils nur um Wahrscheinlichkeiten handelt, ja streng genommen, kann man sogar sagen, daß fast alle unsere Erkenntnisse nur wahrscheinliche sind und unter den wenigen Dingen, die wir mit Sicherheit zu erkennen vermögen, ja selbst in den mathematischen Wissenschaften, gründen sich die vorzüglichsten Mittel zur Auffindung der Wahrheit, Induktion und Analogie auf Wahrscheinlichkeiten, und so ist das ganze System der menschlichen Kenntnisse mit der in diesem Buche dargelegten Theorie verknüpft.*“

In dichterischer Verklärung hat Shakespeare im Hamlet den Bogen *noch* etwas weiter gespannt, wenn er dem König im Schauspiel nach der SCHLEGELschen Übersetzung sagen läßt:

> *„Doch um zu enden, wo wir ausgegangen,*
> *Will' und Geschick sind stets im Streit befangen.*
> *Was wir ersinnen, ist des Zufalls Spiel,*
> *nur der Gedank' ist unser, nicht das Ziel.*

Halten wir uns noch ein wenig bei LAPLACE auf.

Der weitgespannte Anwendungsbereich, den LAPLACE der Wahrscheinlichkeitstheorie zuweist — was nebenbei bemerkt, wie wir noch sehen werden, auch nachteilige Folgen hatte — bringt offenbar selbst die mathematische Forschungsarbeit, wie die Problemfindung und die Ausrichtung der Beweisideen auf das zu beweisende Ziel, in einen induktiven logischen Zusammenhang mit Wahrscheinlichkeit. Offenbar sieht dabei LAPLACE, wenn man ihn recht deutet, in dem Erkennen von Analogien und deren Einordnung in den vorhandenen Erkenntnisstand eine Vorstufe für das induktive Schließen. Die Wahrscheinlichkeit liegt zwischen den sich auf diesen Analogien aufbauenden Hypothesen logisch den Prämissen und dem Ergebnis des Schlusses als logische Relation. Sie ist gewissermaßen als Filter zur Abwägung dieser Hypothesen wirksam. Die Theorie von R. CARNAP zur induktiven Logik basiert ebenfalls auf der induktiven, subjektiven Komponente der Wahrscheinlichkeit. Die Wahrscheinlichkeit als filtrierende logische Relation ist so eng mit dem Denken verbunden, daß wir ihrer gar nicht mehr gewahr werden. Sie urteilt innerhalb Bewertungsverteilungen, die durch die Erfahrung geprägt wurden, aber auch jeweils tief in psychischen Bereichen der Individuen wurzeln und durch deren augenblickliche psychische Verfassung mit beeinflußt werden. Offenbar entwickelte sich diese filtrierende logische Relation Wahrscheinlichkeit schon frühzeitig unter den belasteten Bedingungen der Unwissenheit über die Umwelt und dem Kampf ums Dasein, möglicherweise schon vor der Sprachentwicklung. Erst mit steigendem, als stabil erkanntem Erkenntnisstand konnte sich allmählich auch das deduktive Denken der Menschen stärker entwickeln. Man kann auch im primitiven Denken der höheren Tiere die genannte Relation Wahrscheinlichkeit erkennen, etwa an der für ihre Selbsterhaltung notwendigen Fähigkeit, das Risiko beim Nahrungserwerb, der Jagd nach Beutetieren, mehr oder weniger richtig abzuschätzen. Die subjektive Komponente Wahrscheinlichkeit offenbart sich dem Menschen bereits in Empfindungen wie Hoffnung oder Furcht und in Eigenschaften wie Mut oder Feigheit. Nicht ganz zu Unrecht hatte daher der Philosoph LEIBNIZ Hoffnung und Furcht als Fachtermini der mathematischen Erwartung in die Wahrscheinlichkeitstheorie eingeführt.

In seiner sehr interessanten Schrift „Einfall und Überlegung“ geht VAN DER

WAERDEN der Frage der Psychologie des mathematischen Denkens nach [30] und analysiert sie, gemeinsam mit E. ARTIN und O. SCHREIER, meisterhaft an seiner Lösung des sogenannten zahlentheoretischen Baudetschen Problems und an der genialen Beweismethode von ARCHIMEDES für die Formeln des Inhalts und der Oberfläche der Kugel; vergleiche [34] und den Bericht von ARCHIMEDES selbst [35]. Zur Lösung eines mathematischen oder letztlich jedes anderen wissenschaftlichen Problems sind nach VAN DER WAERDEN zwei Dinge nötig: Überlegung, welche sich im Bewußtsein vollzieht, und Einfall, der sich uns manchmal plötzlich im Bewußtsein öffnet. Viele Wissenschaftler wissen über solche Fälle plötzlicher „Erleuchtung" zu berichten. So schreibt der Mathematiker J. HADAMARD in [9]: „*Als ich durch einen Lärm aus dem Schlafe geweckt wurde, fiel mir auf einmal eine seit langem gesuchte Lösung ein, ohne Überlegung meinerseits, und in einer Richtung ganz verschieden von allen den Richtungen, in denen ich früher gesucht hatte. Das Erlebnis war ganz eigenartig und mir unvergeßlich.*" H. POINCARÉ charakterisiert diese plötzlichen Einfälle zusammengefaßt als deutliches Zeichen einer intensiven unbewußten Vorarbeit. Nach J. HADAMARD [9] ist jede Erfindung nur durch Kombinationen von Vorstellungen möglich: „*Viele davon sind nicht fruchtbar. Das Unbewußte muß sich zunächst viele mögliche Kombinationen bilden und dann die fruchtbaren auswählen; diese treten dann als Einfälle ins Bewußtsein.*"

Wonach bestimmt das Unterbewußtsein diese Auswahl, wenn man vom bewußten Denken, das die gewünschten Begriffskombinationen und Bedingungen heranträgt, als auslösenden Faktor absieht? Sicher gründen sich in erster Linie die Aktivitäten des unbewußten Denkens auf das im Gedächtnis gespeicherte Fachwissen. Das Ganze gleicht so einer großen Bibliothek mit einem getreuen Archivar, der nach einer individuellen Bewertungsverteilung die „richtigen" Kombinationen als die wahrscheinlich günstigsten auswählt und sie dem Bewußtsein als „Einfälle" mitteilt. Der Archivar, dem wir so die Hauptrolle für ein erfolgreiches Denken zuschreiben, fungiert gewissermaßen als Statistiker. Worauf ist seine Bewertung ausgerichtet? Nach VAN DER WAERDEN [30] betonen die beiden großen Mathematiker J. HADAMARD und H. POINCARÉ vordringlich die Rolle des Sinns für das Ästhetische, für das Schöne, bei der Bewertung und Auswahl „günstiger" Kombinationen. Indessen muß man VAN DER WAERDEN wohl recht geben, wenn er in [30] hierzu ausführt: „Ich will die große Bedeutung des Schönheitsgefühls für unser Denken keineswegs leugnen. Was uns gefällt, interessiert uns am meisten, und was uns interessiert, wird vorzugsweise ins Bewußtsein geholt. Aber allein ausschlaggebend ist der ästhetische Sinn nicht, sonst würden wir ja das Gefühl der Richtigkeit, der unmittelbaren Gewißheit nicht haben, das unsere Einfälle oft begleitet."

Ein weiteres Argument ergibt sich daraus, daß unter der Vielzahl von Kombinationen, die im Unbewußten zur Beurteilung vorliegen, es sicher noch sehr viele gibt, die von ästhetischen Gesichtspunkten her als sehr schön empfunden werden, aber ihr eigentliches Ziel nicht erreichen. Die Lösung unseres Problems kann also durch diese Maßstäbe allein noch nicht genug eingegrenzt werden.

Bei jedem korrekt gestellten Problem muß der Lösungsweg in unserer Vorstellungswelt vorhanden sein, sonst könnten wir das Problem überhaupt nicht lösen. Um ihn zu finden, orientiert das Unbewußte die Bewertung in enger Rückkopplung zum anschaulichen, bewußten Denken sicher noch stärker auf Bilder, Vergleiche und Analogien sowie auf Querverbindungen zu Methoden, die bei Lösung logisch verwandter Probleme im Fundus des Fachwissens bekannt sind. Die Rolle des Ästhetischen kommt in hübscher Weise in einem Brief von GAUSS vom 17. 9. 1808 an SCHUMACHER zum Ausdruck: *„Ich habe die Unart, ein lebhaftes Interesse bei mathematischen Gegenständen nur da zu nehmen, wo ich sinnreiche Ideenverbindungen und durch Eleganz oder Allgemeinheit sich empfehlende Resultate ahnen darf ...“*

Die erstaunliche Entwicklung der Automatisierungs- und Rechentechnik in den letzten dreißig Jahren hat für die Wissenschaftler und die Öffentlichkeit die faszinierende Frage aktuell werden lassen, wie weit man einen Computer zu eigenen Denkleistungen befähigen kann, die vielleicht auf gewissen Gebieten in der Nähe des menschlichen Denkens liegen. Der hohe Stand in der Programmierung moderner Schachcomputer gibt hierauf eine überraschende Antwort.

Schon heute besitzen Mikroschachcomputer im internationalen Rahmen eine Spielstärke, welche nicht weit von der eines Schachmeisters liegt. Dr. BOTWINNIK, der langjährige Schachweltmeister, der sich in der Sowjetunion selbst schon seit langem mit der Programmierung von Schachcomputern beschäftigt, äußerte kürzlich die Überzeugung, daß es in 15—20 Jahren Schachcomputer geben wird, die mindestens genausogut spielen wie die derzeitigen Großmeister im Schach.

Die Arbeitsweise eines Schachcomputers illustriert, worauf wir jetzt noch hinweisen wollen, eindrucksvoll die praktische Realisierbarkeit der dargestellten Analyse des mathematischen Denkens.

Ist ein Schachcomputer am Zug, so kann man die Phase der Beurteilung der Stellung, die die Durchrechnung von Abtauschvarianten und die der unmittelbaren Materialsicherung einschließt, als „Überlegung“ im obigen Sinn interpretieren. Liegen solche zwingenden Situationen im Rahmen einer vorauszuberechnenden Zugfolge nicht vor, so wählt der Computer nach dem ihm einprogrammierten Bewertungsschema „zufällig“ einen passenden Zug als Einfall im früheren Sinn. Diese Statistik wird um so schärfer, d. h., der Computer spielt um so besser, je umgreifender dieses positionelle Bewertungsschema ausgerichtet werden kann. Dem Computer kommt dann allgemein seine Überlegenheit zustatten, mit großer Geschwindigkeit ein weites Feld von Fakten nach bestimmten Vorgaben zu sichten.

Was hier über Schachcomputer gesagt wurde, trifft sinngemäß auch auf alle anderen „denkenden" Computer zu, die in Spezialgebieten selbständig richtige Entscheidungen zu treffen haben. Die Entwicklung schreitet stürmisch voran, und man hat allen Grund, hier optimistisch in die Zukunft zu blicken.

Nach diesen Bemerkungen zur Allgegenwärtigkeit der subjektiven erkenntnistheoretischen Komponente der Wahrscheinlichkeit wenden wir uns wieder der geschichtlichen Entwicklung der Wahrscheinlichkeitsrechnung zu. Das Werk von LAPLACE bildete im 19. Jahrhundert hierfür die Grundlage. Merkwürdigerweise geriet die Theorie in ihrem Ursprungsland Frankreich in Verruf, offenbar, weil sie ihr Anspruch belastete, auch auf juristische Fragestellungen, z. B. auf die Richtigkeit von Gerichtsurteilen, anwendbar zu sein. So kam es, daß die wahrscheinlichkeitstheoretische Schule in Rußland um die Mathematiker P. L. TSCHEBYSCHEFF (1821—1894) und A. A. MARKOFF (1856—1922) in der zweiten Hälfte des 19. Jahrhunderts zum Zentrum des Fortschritts auf diesem Gebiet aufstieg.

Im Verlauf seiner umfangreichen numerisch-astronomischen Rechnungen zur Bestimmung der Umlaufbahn gestörter Planeten bei geringem Datenmaterial, die u. a. zur vielbewunderten Wiederauffindung des Planetoiden Ceres führte, entwickelte C. F. GAUSS (1777—1855) seine Methode der kleinsten Quadrate und seine statistische Fehlertheorie. Bekanntlich hat GAUSS darüber hinaus in den zwanziger Jahren des vorigen Jahrhunderts ein gigantisches Programm geodätischer Messungen und Rechnungen durchgeführt. In Briefen an BESSEL und OLBERS weist er auf den erfolgreichen Einsatz seiner Probabilitätstheorie hin. Eine Vorstellung der enormen numerischen Rechenleistung von GAUSS entnimmt man einer anderen Briefstelle eines Briefes an OLBERS vom 14. Mai 1826, wo es heißt: „*Es hat vielleicht noch niemals jemand eine so komplizierte Elimination ausgeführt, wo 55 Gleichungen ebensoviele unbekannte Größen involvierten. Heute bin ich fertig geworden, so daß nun alle 150 Richtungen, die das System enthält, so ausgeglichen sind, mit den möglichst kleinsten Änderungen, daß sie genau miteinander harmonieren.*"

GAUSS macht in seiner Fehlertheorie die Annahme, daß der Beobachtungsfehler einer Messung, wenn man von einem systematischen Fehler, der von der Meßmethode abhängt, absieht, sich als Summe einer großen Anzahl von kleinen voneinander unabhängigen zufälligen Fehlern der verschiedensten Ursachen darstellt, von denen jeder nur eine sehr kleine Streuung, d. h. quadratische Abweichung vom Mittelwert, besitzt. Eine derartige Summe zufälliger Größen ist nach dem zentralen Grenzwertsatz nahezu normal verteilt. Man gelangt so mit GAUSS zu der bereits angegebenen GAUSS-LAPLACEschen Fehlerkurve (2) und zu der jedem Experimentator geläufigen Fehlerrechnung, wonach der Mittelwert $M = \sum x_i/n$ von n Messungen x_i derselben Größe und dessen empirischer mittlerer Fehler

$$s_M = \left\{\frac{1}{n(n-1)} \sum_{i=1}^{n} (x_i - M)^2\right\}^{1/2}$$

üblicherweise zu der Ungleichung

$$M - s_M < \bar{x} < M + s_M$$

für den wahrscheinlichsten Wert $\bar{x}$ zusammengefaßt werden. Auf Grund der Normalverteilung schließt man mit etwa 95% Wahrscheinlichkeit auf

$$|M - x| < 1{,}96\sigma_M\,.$$

Da σ_M unbekannt ist, ist zu klären, ob man mit GAUSS den empirischen Wert s_M für σ_M setzen darf. Diese wichtige Frage und deren vollständige Beantwortung durch explizite Berechnung der Verteilungsfunktion für den Ausdruck $t = (M - x)s_M$ verdankt man dem englischen Statistiker GOSSET, der unter dem Pseudonym „Student“ 1908 eine für die Theorie der Beobachtungsfehler fundamentale Arbeit vorlegte.

Mit dem weiteren Ausbau der theoretischen Physik im vorigen Jahrhundert, insbesondere der Wärmetheorie, der Erarbeitung der beiden Hauptsätze und der Entropie, fand die Wahrscheinlichkeitstheorie über MAXWELL, GIBBS und BOLTZMANN rasch Einzug in die Physik. Zunächst waren in der Thermodynamik makrophysikalische Betrachtungen vorherrschend. Dabei wird der Zustand eines Gebildes durch Temperatur, Dichte, Molzahlen, Polarisation usw. bestimmt. Doch bald ging man zur mikrophysikalischen Betrachtung über. Die Homogenität eines Gases, wie auch die jeder anderen makrophysikalischen Struktur, löst sich dann auf in ein unregelmäßiges Gewirr einer ungeheuer großen Anzahl kleiner Partikel. Die Anfangsbedingungen der Bewegungen dieser Teilchen sind unbekannt. Was man messen kann, sind hier nur makrophysikalische Größen, doch entspricht jedem festen Wert dieser Größen eine bestimmte sehr große Anzahl G von Mikrozuständen des Systems, die denselben Makrozustand des Systems definieren. G ist dann offenbar ein Maß für die Wahrscheinlichkeit des betrachteten Makrozustandes. Man gelangte so zu einem befriedigenden Verständnis der Phänomene des zweiten Hauptsatzes und der statistischen Deutung der Entropie, welche allgemein auf das statistische Gewicht $S = k \ln G$ zurückgeführt wird. Der Maximalwert der Entropie in einem adiabatisch abgeschlossenen System, oder der unter anderen Randbedingungen eines anderen thermodynamischen Potentials, charakterisiert das thermodynamische Gleichgewicht als einen Zustand extrem hoher Wahrscheinlichkeit, berechnet nach einer besonderen Abzählvorschrift der unter den gegebenen Randbedingungen denkmöglichen Mikrozustände des Systems. Die Stabilität ist so letztlich auf den Hauptsatz der mathematischen Statistik zurückgeführt. Durch die statistische Deutung wird Stabilität anschaulich und elementar. Es erscheint beinahe selbstverständlich, daß ein abgeschlossenes System von selbst einem stabilen Zustand zustrebt oder bei kleinen Störungen wieder in denselben zurückkehrt, eben, weil ein stabiler Zustand zugleich der wahrscheinlichste ist. Was die Abzählvorschriften der denkmöglichen Mikrozustände der betrachteten Systeme anbelangt, so hängen sie einerseits von den Teilchen selbst ab, wie z. B. in der Atomphysik, gleich, ob es sich um Lichtquanten oder Elektronen handelt, andererseits bestimmend von makrophysikalischen Faktoren, wie dem Energiesatz in der kinetischen Gastheorie oder der Bewegungsinvarianz des Maßes in der Statistik der Ergodentheorie. Ein weiteres interessantes Beispiel, bei dem die makrophysikalischen Gesetze auf die Statistik der Mikrozustände durchschlagen, ist das plötzliche Auftreten von Zellenstrukturen gleichen dynamischen Verhaltens in Flüssigkeiten und auch Gasen nach Überschreiten der Stabilitätsgrenze. Vom Standpunkt der statistischen Physik aus ist es schwer verständlich, warum der makrophysikalisch im Ruhezustand befindliche Molekülverband plötzlich nach Änderung gewissser Randbedingungen eine Zellenstruktur einnehmen soll und sich damit einer völlig neuen Abzählvorschrift der Potentialniveaus unterzieht. Vom Standpunkt der Mikrophysik erscheint die geheimnisvolle plötzlich einsetzende Selbstorganisation der Moleküle als ein Mysterium. Die genannten Erscheinungen, die auch in magnetischen Flüssigkeiten unter wachsendem Einfluß eines Parallelfeldes auftreten, können makrophysikalisch vollständig aufgeklärt werden [4, 33]: Sie führen nach der klassischen physikalischen Beschreibung auf die Lösungstheorie nichtlinearer Eigenwertprobleme partieller Differentialgleichungen. Deren Lösungszweige definieren die oben beschriebenen, bei Überschreiten der Stabilitätsgrenze sich ausbildenden Strukturen im Strömungsverlauf.

Obwohl LEIBNIZ — wie wir sahen — noch keine klaren Vorstellungen vom mathematischen Begriff der Wahrscheinlichkeit, wie wir ihn heute verwenden, haben konnte, ist es interessant, daß die folgenden Äußerungen von ihm 1697 auch auf die soeben beschriebenen Gegenstände ausgerichtet werden können.

„*Alles mögliche, oder was das Sein oder mögliche Wirksamkeit ausdrückt, strebt mit gleichem Recht zum Dasein nach dem Maße des Seins oder der Wirklichkeit oder nach dem Grade der Vollkommenheit, den es bei sich führt. Vollkommenheit ist nämlich nichts anderes als das Maß des Seins. Hieraus ist ersichtlich, daß unter unendlich vielen Zusammenstellungen und möglichen Reihen diejenige existiert, durch welche das meiste Sein zum Dasein gebracht wird. Immer nämlich gibt es in den Dingen ein Prinzip der Bestimmung, welches vom Maximum oder Minimum hergenommen ist, daß nämlich die größte Wirkung hervorgebracht werde mit dem kleinsten Aufwande so zu sagen.*“

Dem hohen Erkenntnisgewinn, der in der theoretischen Physik durch die statistische Betrachtungsweise in der Thermodynamik erreicht wurde, stand bis zur Jahrhundertwende nur ein relativ kleiner Fortschritt in den Methoden der Wahrscheinlichkeitsrechnung gegenüber. Man konnte sich ja in der Physik in der überwiegenden Zahl der Fälle auf einfache Abzählverfahren stützen, die seit langem bekannt und geläufig waren. Die logischen Grundlagen der mathematischen Definition der Wahrscheinlichkeit waren noch nicht genug durchdacht, außerdem erwies sich die Laplacesche Definition für anspruchsvollere Anwendungen als zu eng. Es ist in diesem Zusammenhang interessant, daß D. HILBERT (1862—1943) in seinem epochemachenden Vortrag auf dem Internationalen Mathematikerkongreß in Paris 1900 [11], auf dem er seine 23 mathematischen Probleme vorstellte, deren Lösung die Entwicklung der Mathematik im 20. Jahrhundert ganz wesentlich mitbestimmt haben, die Wahrscheinlichkeitsrechnung zur Physik zugehörig rechnete. Er formulierte nämlich in seinem 6. Problem „Über die mathematische Behandlung der Axiome der Physik":

„Durch die Untersuchungen über die Grundlagen der Geometrie wird uns die Aufgabe gestellt, nach diesem Vorbilde diejenigen physikalischen Disziplinen axiomatisch zu behandeln, in denen schon heute die Mathematik eine hervorragende Rolle spielt. Dies sind in erster Linie die Wahrscheinlichkeitsrechnung und die Mechanik. Was die Axiome der Wahrscheinlichkeitsrechnung angeht, so scheint es mir wünschenswert, daß mit der logischen Untersuchung derselben eine strenge und befriedigende Entwicklung der Methode der mittleren Werte in der mathematischen Physik, speziell in der kinematischen Gastheorie Hand in Hand gehe."

Es dauerte immerhin noch über dreißig Jahre, bis dieses 6. Hilbertsche Problem gelöst wurde, und zwar 1933 durch den großen sowjetischen Mathematiker KOLMOGOROV. Damit erreichte die Wahrscheinlichkeitsrechnung eine neue Dimension und die Öffnung zu den zugkräftigen Methoden der Analysis.

Der Begriffsinhalt eines vom Zufall abhängigen Ereignisses gestattet analoge logische Verknüpfungen, wie sie bei der Vereinigung oder Durchschnittbildung von Mengen auftreten. Sind nämlich A, B zwei zufällige Ereignisse, die wir als Inbegriff gewisser Elementarereignisse auffassen, so ist $A + B$ dasjenige Ereignis, bei dem entweder A oder B eintritt, und $A \cdot B$ ist dasjenige Ereignis, bei dem sowohl A als auch B eintreten. Die Wahrscheinlichkeit von $A + B$ bzw. $A \cdot B$ ist im ersten Fall gleich der Summe, im zweiten Fall gleich dem Produkt der Wahrscheinlichkeiten von A und B, vorausgesetzt, daß A und B sich ausschließen oder, im zweiten Fall, voneinander unabhängig sind.

Die sogenannte geometrische Wahrscheinlichkeit charakterisiert die Analogie zwischen zufälligem Ereignis und Menge. Hiernach ist die Wahrscheinlichkeit, daß ein zufälliger Punkt auf einer Menge F im Einheitsquadrat liegt, gleich dem Flächeninhalt von F. Aufbauend auf die Arbeiten von M. FRECHÉT und vor allem auf die Maß- und Integrationstheorie von H. LEBESGUE (1875 bis 1941) Anfang dieses Jahrhunderts konnte A. N. KOLMOGOROV (1903 bis 1987) Anfang der dreißiger Jahre zu einer fruchtbringenden Axiomatisierung der Wahrscheinlichkeitsrechnung gelangen. Ereignisse sind im Sinne der genannten geometrischen Wahrscheinlichkeit meßbare Mengen F über einem Feld von Ereignissen Ω, welches die obigen Verknüpfungen gestattet. Das Maß von F wird mit der Wahrscheinlichkeit von F identifiziert und soll alle Voraussetzungen der Lebesgueschen Maß- und Integrationstheorie erfüllen [17]. Zufällige Funktionen sind die meßbaren Funktionen über Ω, ihr Integral ist der Mittelwert dieser Funktion, wobei auch die bedingte Wahrscheinlichkeit in befriedigender Weise in die Theorie einbezogen wird. Mit der Einführung von Wahrscheinlichkeitsverteilungen in Funktionalräumen sowie mit der Differentiation und Integration mathematischer Erwartungsfunktionale nach Parametern wurde der Weg frei für das umfassende Eindringen wahrscheinlichkeitstheoretischer Begriffsbildungen in weite Teile der Mathematik, aber auch der Weg geebnet, neue physikalische Problemklassen aufzugreifen. So stellte z. B. EBERHARD HOPF (1902—1983) Ende der dreißiger Jahre in Leipzig seine statistische Turbulenztheorie auf, welche in den letzten Jahren durch die sowjetischen Mathematiker M. I. VIŠIK und A. V. FURSIKOV wesentlich gefördert wurde. In seiner erst 1952 veröffentlichten Arbeit zur Turbulenztheorie [12] geht E. HOPF von einem Anfangsmaß $\mu(\omega)$ über dem Funktionalraum X der Anfangsbedingungen $u^0(x)$ aus. Entsteht dann zur Zeit t durch „das Wirken der NAVIER-STOKESschen Differentialgleichungen" $u(x, t)$, in Zeichen: $S_t u^0(x) = u(x, t)$, so erhält man hierdurch ein neues Maß $\mu_t(\omega)$ zur Zeit t durch die Definition

$$\mu_t(\omega') = \mu(\omega), \qquad S_t\omega \to \omega' .$$

E. HOPF leitete für das charakteristische Funktional, nämlich für die FOURIER-Transformierte dieser Phasenverteilung $\mu_t(\omega)$, seine berühmte nichtlineare φ-Gleichung her. Existenzbeweise für das Anfangswertproblem dieser Gleichung findet man in [27, 28].

Ein im stetigen Fluß befindliches großes Anwendungsgebiet wurde weiter durch die Theorie stochastischer Prozesse eröffnet. Im eindimensionalen Fall handelt es sich um eine Theorie von Zufallsfunktionen $\zeta(t, \omega)$ über einem Wahrscheinlichkeitsmaßraum Ω, die von der Zeit t abhängen. Typische Beispiele hierfür sind zufällige Schwankungen von Spannung oder Stromstärke unter der thermischen Bewegung der Elektronen in einem Stromkreis einerseits bzw. von Weglängen in der BROWNschen Bewegung andererseits [15, 31]. Analog werden Zufallsfelder definiert: $\zeta(x, \omega)$, $x = (x_1, \ldots, x_n)$. Einen kurzen nützlichen Abriß über die geschichtliche Entwicklung der stochastischen Prozesse findet man in [23]. Dabei wird insbesondere auch die verdienstvolle Rolle A. EINSTEINS gewürdigt, der mit seiner Arbeit über die Brownsche Bewegung 1905 [7] als einer der ersten eine Anwendung für stochastische Prozesse einführte, die zu einer weiteren mathematischen Durchdringung dieses anwendungsfreundlichen Gegenstandes anregte. Besonders weit entwickelt ist die Theorie stationärer stochastischer Prozesse $\zeta(t)$. Hierbei ist der Mittelwert von t unabhängig, die Korrelationsfunktion $B(t, s)$ bez. zweier Zeitpunkte t und s hängt nur von deren Differenz $(t - s)$ ab: $B(t, s) = B(t - s)$. Mit den Herleitungen der Spektralzerlegung für diese Prozesse $\zeta(t)$ und einer analytischen Theorie der Korrelationsfunktion entstanden weitreichende analytische Grundlagen, die zu vielfältigen Anwendungen führten, wie zur Extrapolations- und Filtertheorie stationärer Prozesse Anfang der vierziger Jahre durch A. N. KOLMOGOROV und unabhängig davon in wichtigen Spezialfällen durch N. WIENER sowie zu weiteren Anwendungen in der Ergodentheorie und in der Theorie der MARKOFFschen Ketten [15, 18, 19, 32, 13].

Natürlich entwickelten sich diese und andere Teilgebiete der Wahrscheinlichkeitstheorie rasch weiter, wie z. B. die mathematische Statistik, die Grenzwerttheorie und die Theorie stochastischer Differentialgleichungen, um nur einige zu nennen. Gerade auf dem zuletzt genannten Gebiet der stochastischen Differentialgleichungen sind noch viele wichtige Ergebnisse zu erwarten. Zu erwähnen sind hier eine Leipziger Dissertation B 1978 und weiter [26], in denen erstmals weitreichende Grenzwertsätze über das wahrscheinlichkeitstheoretische Verhalten der Eigenwerte bei linearen stochastischen Differentialgleichungen mit schwach korrelierten Koeffizientenfunktionen aufgestellt wurden.

Die Wahrscheinlichkeitsrechnung und die mathematische Statistik besitzen heute über frühere Anwendungsgebiete wie Versicherungswesen und Bevölkerungsbewegung hinausgehend ein breites Anwendungsspektrum. Die Rechentechnik ermöglicht den raschen Zugriff zu einem genügend umfangreichen Stichprobenmaterial und zu blitzartigen Schätzungen hoher Zuverlässigkeit. Damit gelingt es, den Zufall auf vielen Gebieten immer besser zu beherrschen, aber auch vermutete Korrelationen zwischen verschiedenen Datensystemen aufzufinden, um unbekannte Abhängigkeiten zu erschließen. Überall da, wo wegen der Unübersehbarkeit wirkender Faktoren ein induktives Vorgehen zur Gewinnung neuer Erkenntnisse notwendig wird, ist der Rückgriff auf die mathematische Statistik bei der Führung der Forschungsarbeit unverzichtbar, wie z. B. in der Biologie, der Psychologie, der Medizin und in allgemeineren Bereichen des Gesundheitswesens. Wenn die Wahrscheinlichkeitsrechnung und Statistik durch die Rechentechnik bedeutend an Wirksamkeit gewonnen haben, so ist auf der anderen Seite zu erwarten, daß umgekehrt wahrscheinlichkeitstheoretische Methoden in der gesteuerten Simulationstechnik und in Rechenprogrammen immer mehr in den Vordergrund treten. So werden schon seit einiger Zeit beim Differenzenverfahren in der Optimierungstheorie und auch bei Berechnung von unstetigen Überschallströmungen im Bereich eines Verdichtungsstoßes mit Erfolg zufällige Schrittweiten und Fortschreitungsrichtungen eingeführt.

1879 stellte der Mathematiker A. Cayley (1821—1895) vor der Geographischen Gesellschaft in London folgende Aufgabe: Können mit nur vier Farben die Länder einer Landkarte so gefärbt werden, daß die aneinanderstoßenden Länder verschiedene Farben erhalten? Man bemerkte bald, daß für jede noch so komplizierte Karte vier Farben genügen. Während bald über den Eulerschen Polyedersatz $e + f = k + 2$ (e = Zahl der Ecken; f = Zahl der Flächen; k = Zahl der Kanten) gezeigt wurde, daß man stets mit fünf Farben auskommt, blieben hundert Jahre lang alle Bemühungen vergebens, das auch mathematischen Laien geläufige Vierfarbenproblem von Cayley zu lösen.

1977 überraschten die Mathematiker W. Haken, K. Appel und J. Koch die Fachwelt mit einer Lösung besonderen Typs [1, 2, 10]. Diese Autoren verschoben dabei das Vierfarbenproblem auf eine praktische, erkenntnistheoretische Ebene. Unter Berücksichtigung der beinah hundertjährigen mathematischen Literatur zum Vierfarbenproblem und einer geschickten graphentheoretisch-topologischen Klassifizierung behaupteten sie nach umfangreichen Computerberechnungen folgendes: Die Wahrscheinlichkeit dafür, daß jemand eine Landkarte zeichnen kann, zu deren Färbung fünf Farben erforderlich wären, ist außerordentlich klein, d. h. praktisch gleich Null. Damit ist natürlich kein strenger mathematischer Beweis für die Richtigkeit des Vierfarbensatzes erbracht, auch wenn es praktisch unmöglich ist, ein Gegenbeispiel aufzuzeigen. Wenn letzteres zutrifft, so besitzt für einen Nichtmathematiker die Richtigkeit des Vierfarbensatzes dieselbe Realität wie die Sicherheit, daß sich in einem abgeschlossenen Raum nicht alle Sauerstoffmoleküle auf einen kleinen Teil desselben verteilen können. Eine neue Qualität hätte die statistische Richtigkeit des Vierfarbensatzes für den Standard des Mathematikers, wenn — was vielleicht wenig wahrscheinlich ist — sich einst das Vierfarbenproblem als unentscheidbares Problem herausstellen würde. Wie dem auch sei, diese und andere Ergebnisse zeigen, daß durch die Rechentechnik ganz neue Möglichkeiten, die auch für die rein mathematische Erkenntnisgewinnung interessant sind, eröffnet werden.

In einem bereits mehrfach zitierten Werk [20] entwickelt Laplace gleich zu Beginn sein philosophisches Bekenntnis zum absoluten Determinismus. Er vertritt hierbei die Ansicht, daß ähnlich wie in der Himmelsmechanik alle Erscheinungen durch Differentialgleichungen beschreibbar seien. Dann müßte bei Kenntnis aller in einem bestimmten Zeitpunkt bestehenden Anfangsbedingungen und nach Durchführung der Integrationen einem überlegenen Geist

— in der Literatur oft als LAPLACEscher Dämon bezeichnet — der Ablauf aller Erscheinungen in der Welt für alle Zeiten bekannt sein. LAPLACE konnte nicht ahnen, daß gerade die von ihm so geförderte Wahrscheinlichkeitstheorie in seinen von ihm vertretenen absoluten Determinismus eine breite Bresche schlagen würde.

In der modernen Physik besteht neben dem kausalen Erklärungsprinzip berechtigt auch die statistische Erklärung von Erscheinungen. In der Biologie ist die Dominanz der Selektionstheorie von DARWIN unbestritten, die ihre mathematische Grundlage in der Wahrscheinlichkeitstheorie findet. Die Folgerungen aus der in den zwanziger Jahren entstandenen Quantentheorie von W. HEISENBERG und E. SCHRÖDINGER haben an dem uralten Grundsatz des kausalen Ablaufs der Naturerscheinungen vielerorts mehr oder weniger berechtigte Zweifel aufkommen lassen, insbesondere auf Grund der von M. BORN vorgeschlagenen und jetzt allgemein gültigen statistischen Deutung der Theorie.

Nach dem von J. VON NEUMANN entwickelten mathematisch fundamentalen Aufbau dieser Theorien wird jeder physikalischen Größe R jeweils ein selbstadjungierter linearer Operator über dem durch die Lösungen der SCHRÖDINGER-Gleichung gekennzeichneten Hilbert-Raum zugeordnet. Die möglichen Werte von R sind Werte aus dem Spektrum, die im einzelnen nicht kausal festliegen, für deren Annahme die Quantentheorie aber die Wahrscheinlichkeitsverteilungen bereitstellen kann. Die elementaren Vorgänge in der Quantentheorie sind daher nicht durch strenge Kausalitätsgesetze bestimmt, sondern nur statistisch erfaßbar. Durch eine Analyse der Streuung kann man zeigen, daß die gegenteilige Annahme, es stünde hinter diesen Quantenerscheinungen, eventuell verursacht durch unbekannte Parameter, noch eine streng kausale Theorie, unvereinbar mit der Quantentheorie selbst wird. Von diesem Standpunkt aus könnte man die Kausalität in den atomaren Erscheinungen nur dann retten, wenn man die Quantentheorie in wesentlichen Punkten verändern würde, wozu freilich angesichts der Leistungsfähigkeit der Theorie kein Anlaß besteht. Es handelt sich also gar nicht, wie vielfach angenommen wird, um eine Interpretationsfrage der Quantentheorie, vielmehr müßte dieselbe falsch sein, damit ein anderes Verhalten der Elementarprozesse als das statistische möglich wird. Soweit die konsequente Auslegung der statistischen Deutung der Quantentheorie, wie sie durch J. VON NEUMANN deduziert wurde [22].

Die klassische theoretische Physik begann mit einer Mathematisierung der Mechanik durch die Brille der Eliminationen — eine der größten Erfindungen, die erst eine strenge wissenschaftliche Beschreibung gestattet — nämlich der Herauslösung elementarer, einfacher idealisierter Erscheinungen aus dem Wirrwarr des natürlichen Ablaufs unter Vernachlässigung der sie einbettenden

Störungen. So entdeckte G. GALILEI (1564—1642) seine Gesetze des freien Falls und I. NEWTON (1643—1727) die Grundgesetze der Mechanik für die Bewegung idealisierter Massenprodukte in Kraftfeldern. Die mathematische Herleitung der Keplerschen Gesetze für die Umläufe der Planeten um die Sonne allein aus diesen Gesetzen bildete den überzeugenden Beweis für die Richtigkeit dieses Weges einer auf Experiment, Naturgesetz und mathematische Herleitung basierenden Naturbeschreibung. Der Siegeszug dieser Methode, wobei sich Physik und Mathematik bis heute gegenseitig befruchten, setzte sich rasch auf die anderen Gebiete der klassischen Physik fort. Die mathematische Beschreibung bestätigt dabei immer eine auch durch das Experiment gesicherte kausale Ordnung in diesen idealisierten Naturerscheinungen. Deshalb bestanden vor der Quantentheorie in der Physik nur vereinzelt Zweifel an dem uralten Grundsatz der Kausalität.

Die genannten Idealisierungen, die in den Naturwissenschaften vorzunehmen sind, um zu einer experimentellen und mathematischen Beschreibung zu gelangen, sind aus der Erfahrung hergeleitet und werden durch das Spektrum und damit auch durch die Unschärfe unserer Sinne in Raum und Zeit mitbestimmt. Ein fester Körper, eine ruhende Flüssigkeit sind nur scheinbar in absoluter Ruhe. Vielmehr sind sie in einem beständigen, irreversiblen Kontaktaustausch von Energie, Impuls und Entropie mit ihrer Umgebung. Unsere Wahrnehmungen haben keine direkte Beziehung zu diesen im Verborgenen sich abspielenden komplizierten molekularen Vorgängen. Sie werden vielmehr nach dem Gesetz der großen Zahlen der Wahrscheinlichkeitsrechnung durch gewisse statistische Mittelwerte mit geringen Streuungen über diese Vorgänge am Objekt, aber auch durch dieselben am erkennenden Subjekt bestimmt. Hieraus konnte die These entstehen, daß die Kausalität der makroskopischen Welt durch die bei vielen gleichzeitig zusammenwirkenden Elementarprozessen fühlbar werdende Nivellierung des Gesetzes der großen Zahlen vorgetäuscht werde.

Es kann deshalb nicht verwundern, wenn in der „Sturm und Drangzeit" der Erfindung der Quantentheorie hervorragende Forscher wie N. N. BOHR (1885 bis 1962) und dessen Schüler die Konsequenzen aus der statistischen Deutung der Quantentheorie zogen und entschieden dafür eintraten, den Glauben an eine allgemeingültige kausale Naturgesetzlichkeit in den Erscheinungen aufzugeben. Auch in der Philosophie war das Kausalitätsprinzip schon vor dem Entstehen der Quantentheorie umstritten. So äußerte sich schon 1913 B. RUSSEL: *"The reason why physics has ceased to look for causes is that, in fact, there are no such things. The law of causality, I believe is a relic of a bygone age"* ... [25].

Hierzu bemerken wir: Der Umfang der noch zu berücksichtigenden kausalen Faktoren eines Experiments wächst mit der Genauigkeit der Messung. Daher würde bereits im Makrokosmos die kausale Zuordnung immer problematischer, wenn wir uns die Meßmethoden immer verfeinerter denken würden und wir uns so immer weiter von einem idealisierten Erscheinungsbild entfernen. Deshalb kann man für einen Vorgang in der Natur letztlich keine erschöpfende Ursache angeben. Der Philosoph D. HUME (1711—1776) ließ daher nur die zeitliche Aufeinanderfolge zweier Ereignisse A, B im kausalen Kontext gelten, wie die Aufeinanderfolge von Tag und Nacht, Ebbe und Flut usw., aber nicht, daß aus unserer Erfahrung erschlossen werden könnte, daß ein geeignetes A mit Notwendigkeit B erzeugt. I. KANT (1724—1804) stimmt in seiner „Kritik der praktischen Vernunft“ [16] mit D. HUME in diesen Ansichten überein, doch stuft er die Kausalitätsforderung als eine Kategorie unserer Erfahrung ein, ohne die Erfahrung und darauf aufgebaute Erkenntnisse unmöglich sind, unabhängig davon, ob in der Realität das strenge Kausalitätsprinzip gilt oder nicht. Wir kommen nochmals auf diesen Teil der Kantschen Theorie zurück, wollen aber noch das Bisherige zusammenfassen:

I. In der makrophysikalischen Welt machen wir die Erfahrung einer kausalen Ordnung in den Erscheinungen, begünstigt durch das begrenzte Spektrum unserer Sinne und unserer Meßmethoden. Die Meßfehler und die Einflüsse aus den Störbereichen unterliegen dem Gesetz der großen Zahlen der Wahrscheinlichkeitsrechnung und können bei sachgemäßen Experimenten hinreichend klein gemacht werden.

IIa. Die Kausalitätsforderung wird durch die Idee einer immer weiter fortschreitenden Verfeinerung unserer Messungen in Frage gestellt, da dabei immer neue kausale Faktoren zu berücksichtigen wären. Unsere Wahrnehmungen sind statistische Mittelwerte von vielen gleichzeitig wirkenden Elementarprozessen.

IIb. Die Quantentheorie führt mit innerer Notwendigkeit auf eine rein statistische Interpretation der durch sie beschriebenen atomaren Elementarvorgänge.

Die Folgerungen aus der Quantentheorie sind offenbar das stärkste Argument gegen die Auffassung der Allgemeingültigkeit des Grundsatzes der Kausalität. Doch sind die Würfel damit noch nicht endgültig gefallen. Die radikale Abkehr von dem durch die alltägliche Erfahrung bestätigten Grundsatz der Kausalität zugunsten einer auf rein wahrscheinlichkeitstheoretischer Gesetzlichkeit basierenden Auffassung über die Erscheinungen in der Natur stand in der Physik nicht unwidersprochen im Raum. Kein geringerer als ALBERT EINSTEIN (1879—1955), von dem wir wissen, daß er den Folgerungen aus der Quantentheorie skeptisch gegenüberstand, hat sich anfangs spöttisch zu diesen Problemen geäußert: „*Der liebe Gott würfelt nicht*“. Etwas vorsichtiger drückt er sich 1949 in einem Dankschreiben an NIELS BOHR anläßlich der an ihn gerichteten Geburtstagsgratulation aus, es heißt hier am Schluß: „*Jedenfalls ist dies eine der Gelegenheiten, die nicht von der bangen Frage abhängt, ob Gott wirklich würfelt, und ob wir an einer der physikalischen Beschreibung zugänglichen Realität festhalten sollen oder nicht.*" EINSTEIN schließt dann in humorvoller Weise: ... „*In meiner Antwort auf die im Schilppschen Buche erscheinenden Arbeiten habe ich wieder mein einsames altes Liedchen gesungen, das mich selber an den Refrain jenes alten Büchleins erinnert: Über diese Rede des Kandidaten Jobses / Allgemeines Schütteln des Kopses.*"

Nicht uninteressant die Antwort von N. BOHR. Darin heißt es am Schluß: ... „*Um in demselben scherzhaften Tone zu sprechen, kann ich nicht umhin, über die bangen Fragen zu sagen, daß es sich meines Erachtens nicht darum handelt, ob wir an einer der physikalischen Beschreibung zugänglichen Realität festhalten sollen oder nicht, sondern darum, den von Ihnen gewiesenen Weg weiter zu verfolgen und die logischen Voraussetzungen für die Beschreibung der Realitäten zu erkennen. In meiner frechen Weise möchte ich sogar sagen, daß niemand — und nicht mal der liebe Gott selber — wissen kann, was ein Wort wie würfeln in diesem Zusammenhang heißen soll*" [24].

Da die heutige theoretische Physik alle Hände voll zu tun hat, hinter die Geheimnisse des Atomkerns und der Elementarteilchen zu gelangen, ist die extrem bange Frage, wie sie in den genannten Briefen zum Ausdruck kommt, wohl etwas in den Hintergrund getreten. Über die Berechtigung der statistischen Deutung der Quantentheorie besteht nicht der geringste Zweifel. Die Extrapolation auf eine rein wahrscheinlichkeitstheoretische Interpretation der Naturerscheinungen aber bleibt umstritten und vielleicht auch voreilig, bevor der Durchbruch zu den soeben genannten zentralen Problemen noch nicht vollständig gelungen ist. Vielleicht sollte man noch folgendes bedenken: Die theoretische Physik, speziell die Atomphysik, mußte sich — zugunsten von mehr auf logische Übereinstimmung hinzielenden mathematischen Modellen — naturgemäß weit von einer anschaulichen, mathematischen Naturbeschreibung entfernen, und es stellte sich dann die Frage, ob man über den Gültigkeitsbereich dieser logischen Übereinstimmungen hinaus extrapolieren kann. Nach den bisherigen Bemühungen scheint es auch fraglich zu sein, ob die Mathematik überhaupt eine einheitliche, die Quantentheorie erweiternde, global gültige Theorie für die Mikrophysik bereitstellen kann, oder ob diese Erweiterungen, wenn die Forschung in immer kleinere Räume eindringt, sich nur auf einzelne Bereiche beziehen können wie in der Mathematik beim Studium einer Mannigfaltigkeit im Großen.

Von H. POINCARÉ stammt der Ausspruch: „*Was die Wissenschaft erreichen kann, sind nicht die Dinge selbst, sondern einzig die Beziehungen zwischen den Dingen; außerhalb dieser Beziehungen gibt es keine erkennbare Wahrheit.*"

Innerhalb eines Systems dieser Beziehungen ist fast immer die Kausalrelation zwischen den Dingen immanent. Das trifft nicht nur für die wissenschaftliche Forschung zu, sondern auch für die alltäglichen menschlichen Erfahrungen und deren Nutzung, ja selbst z. B. für Tiere bei Beachtung ihrer Rangordnung in einer Gemeinschaft, bei der Einhaltung der erlernten Gewohnheiten zur Jagd nach Beutetieren usw. Man muß I. KANT zustimmen, wenn er dem kausalen Denken den genannten hohen Stellenwert zuerkennt, denn ohne das kausale Denken sind keine auf unserer Erfahrung aufgebauten Erkenntnisse und mit Sicherheit keine Wissenschaften möglich.

Die makrophysikalische praktische Kausalitätserfahrung I stellt fest, daß bei einem sachgemäßen naturwissenschaftlichen Experiment (oder auch einfacher bei einer Beobachtung) die ursächlichen Variablen in zwei Gruppen zerfallen, in einen Haupt- und in einen Nebenteil. Der Hauptteil definiert das idealisierte Modell mit streng kausalem, naturgesetzlichem Ablauf, der Nebenteil den Störbereich, der sich aus sehr vielen Einflußgrößen zusammensetzt. Für die Gültigkeit von I ist wesentlich, daß man von vornherein diese Zerlegung so wählen kann, daß der Einfluß des Störbereichs, der dem Gesetz der großen Zahlen genügt, insgesamt vorgebbar klein ausfällt. Damit wird es, wie wir bereits bemerkten, erst möglich, zu durchsichtigen Naturgesetzlichkeiten und hieraus folgenden genügend einfachen mathematischen Beschreibungen zu gelangen, meistens mit Hilfe von Differentialgleichungen, die besonders schöne Lösungseigenschaften haben. In der Tat ließen sich, wie sich zeigt, die makrophysikalischen Vorgänge in einer Welt ähnlicher Komplexität, mit anderen physikalischen Gesetzen als in der unseren, nicht einfacher und durchsichtiger durch Differentialgleichungen beschreiben. Denn nach unseren Kenntnissen über weite Klassen ist das Lösungsverhalten der überwiegenden Zahl der nicht in den Anwendungen auftretenden Differentialgleichungen äußerst kompliziert und schwer in allgemeine Regeln einordbar.

Die Kausalitätsaussage I, die unsere Erfahrung mit unserem Denken verknüpft, fordert nicht die globale Gültigkeit des Kausalitätsprinzips schlechthin. Aber schon sie wäre bei einem rein chaotischen Weltablauf unmöglich.

Literatur

[1] APPEL, K., HAKEN, W.: Every planar map is four colorable I. Discharching. State Illinois, J. Math. **21** (1977) 429–490.

[2] APPEL, K., HAKEN, W., KOCH, J.: Every planar map is four colorable. Reducti-bility. State Illinois, J. Math. **21** (1977) 491–567.

[3] BERNOULLI, J.: Ars conjectandi (Übers. ins Deutsche von HAUSSNER, R.). Ostwalds Klassiker exakt. Wiss. Nr. 107 und 108, Leipzig 1899.

[4] Beyer, K.: Bifurcation and Stability of Cellular States in Magnetic Fields. Z. f. Analysis u. ihre Anw. **4** (1985) 413–428.
[5] Biermann, K.-R., Faak, M.: G. W. Leibniz' De incerti aestimatione. Forsch. u. Fortschr. Bd. **31**, 2 (1957) 45–50. Akademie-Verlag Berlin.
[6] Carnap, R., Stegmüller, S.: Induktive Logik und Wahrscheinlichkeit. Springer-Verlag, Wien 1958.
[7] Einstein, A.: Über die von der molekular-kinetischen Theorie der Wärme geforderte Bewegung von in ruhenden Flüssigkeiten suspendierten Teilchen. Ann. Physik **17** (1905) 549–560.
[8] Einstein, A.: Zur Theorie der Brownschen Bewegung. Ann. Physik **19** (1906) 549–560.
[9] Hadamard, J.: Psychology of Invention in the Mathematical Field. Princeton 1949.
[10] Haken, W.: Combinatorial Aspects of some Mathematical Problems. Proc. intern. Congr. Math., Helsinki 1978, S. 953–961.
[11] Hilbert, D.: Gesammelte Abhandlungen, Bd. 3. Springer-Verlag, Berlin 1935, S. 290–323.
[12] Hopf, E.: Statistical Hydrodynamics and Functional Calculus. Arch. Rational Mechanics and Analysis **1** (1952) 87–123.
[13] Hopf, E.: Ergodentheorie. Springer-Verlag, Berlin/Heidelberg/New York 1970. (Reprint d. Ausg. 1937. Früher als Bd. V/2 der Ergebnisse d. Math., alte Folge.)
[14] Hopf, E.: On Causality, Statistics and Probability. J. Math. Physics **13** (1934) 51–102.
[15] Jaglom, A. M.: Einführung in die Theorie stationärer Zufallsfunktionen. Schriftenreihe d. Inst. f. Math. Heft 6, Akademie-Verlag, Berlin 1959.
[16] Kant, I.: Kritik der praktischen Vernunft. Phil. Bibl. Bd. 38, Verlag F. Meiner, Leipzig 1929.
[17] Kolmogorov, A. N.: Foundations of the Theory of Probability. Chelsea Publ. Comp., New York 1956.
[18] Kolmogorov, A. N.: Stationäre Folgen im Hilbertraum. Bull. Moskauer Ges. Naturforscher (2) **6** (1941) 1–40 (russisch).
[19] Kolmogorov, A. N.: Interpolation und Extrapolation stationärer zufälliger Folgen. Nachr. Akad. Wiss. UdSSR. Ser. math. **5** (1941) 3–14 (russisch).
[20] Laplace, P. S.: Essai Philosophique sur les probabilités. Paris 1814, Ostwalds Klassiker exakt. Wiss. Nr. 233, Leipzig 1932.
[21] Laplace, P. S.: Théorie analytique des probabilités (1795). In: Oeuvres complètes de Laplace. Gauthier-Villars, Paris 1886.
[22] von Neumann, J.: Mathematische Grundlagen der Quantenmechanik. Springer-Verlag, Berlin/Heidelberg/New York 1968. (Nachdruck der 1. Aufl. 1932, Grundlehren d. math. Wiss., Bd. 38.)
[23] Purkert, W.: Die Bedeutung von A. Einsteins Arbeit über Brownsche Bewegung für die Entwicklung der modernen Wahrscheinlichkeitstheorie. Mitteil. d. Math. Ges. DDR (1983) Heft 3, S. 41–49
[24] Röseberg, U.: Niels Bohr, Leben und Werk eines Atomphysikers. Akademie-Verlag, Berlin 1987.

[25] RUSSEL, B.: On the notion of causes. Proc. Aristot. Soc. (New Ser.) **13** (1...) 1–26.
[26] VOM SCHEIDT, J., PURKERT, W.: Random Eigenvalue Problems. Akademie-Verlag, Berlin 1983.
[27] VERŠIK, A., LADYZHENSKAYA, O. A.: Zur Evolution eines durch die Navier-Stokesschen Differentialgleichungen bestimmten Maßes und die Lösbarkeit des Cauchyschen Problems für die Hopfsche Gleichung. Doklady Akad. Nauk SSSR **226** (1976) 26–29.
[28] VIŠIK, M. I., FURSIKOV, A. V.: Mathematische Probleme der statistischen Hydromechanik. Mathematik und ihre Anwendungen in Physik und Technik, Bd. 41. Akadem. Verlagsges. Geest & Portig, Leipzig 1986.
[29] VAN DER WAERDEN, B. L.: Mathematische Statistik. Grundlehren d. math. Wiss. Bd. 87. Springer-Verlag, Berlin/Heidelberg/New York 1969.
[30] VAN DER WAERDEN, B. L.: Einfall und Überlegung. 3. erw. Aufl., Birkhäuser Verlag, Basel/Boston/Berlin 1973.
[31] WIENER, N.: The average of an analytic functional and the Brownian movement. Proc. nat. Acad. Sci. USA **7** (1921) 294–298.
[32] WIENER, N., MASANI, P.: The prediction theory of multivariative stochastic processes, I und II. Acta Math. **98** (1957) 111–150 und **99** (1958) 93–137.
[33] ZEIDLER, E.: Zur Verzweigungstheorie und Stabilitätstheorie der Navier-Stokesschen Gleichungen. Math. Nachr. **52** (1972) 167–205.
[34] ARCHIMEDES: Kugel und Zylinder (Übers. ins Deutsche von CZWALINA, A.). Ostwalds Klassiker exakt. Wiss. Nr. 202, Leipzig 1922.
[35] ARCHIMEDES: Ephodos (Übers. ins Deutsche von ZEUTHEN, H. G.) Bibl. math. **3**, 7 (1906).
[36] SCHNEIDER, I. (Herausgeber): Die Entwicklung der Wahrscheinlichkeitstheorie von den Anfängen bis 1933. Akademie-Verlag, Berlin 1989.

SITZUNGSBERICHTE DER SÄCHSISCHEN AKADEMIE DER WISSENSCHAFTEN ZU LEIPZIG

MATHEMATISCH-NATURWISSENSCHAFTLICHE KLASSE

Band 114

Heft 1 Prof. Dr. HASSO ESSBACH, Morphologisches zur orthologischen und pathologischen Differenzierung und zum Anpassungs- und Abwehrvermögen der menschlichen Placenta
1980. 19 Seiten – 12 Abbildungen – 8° – M 4,–

Heft 2 Prof. Dr. med. WERNER RIES, Risikofaktoren des Alterns aus klinischer Sicht
1980. 19 Seiten – 9 Abbildungen, davon 1 Abbildung auf Tafel – 8° – M 4,–

Heft 3 Prof. Dr. OTT-HEINRICH KELLER, Anschaulichkeit und Eleganz beim Alexanderschen Dualitätssatz
1980. 19 Seiten – 8° – M 4,–

Heft 4 Prof. Dr. rer. nat. BENNO PARTHIER, Die cytologische Symbiose am Beispiel der Biogenese von Zellorganellen 1981. 29 Seiten – 16 Abbildungen – 2 Tabellen – 8° – M 6,–

Heft 5 Prof. Dr. F. WOLF / Dr. S. ECKERT / Dr. M. WEISE / Dr. S. LINDAU, Untersuchungen zur Synthese und Anwendung bipolarer Ionenaustauschharze 1980. 12 Seiten – 6 Tabellen – 8° – M 2,–

Heft 6 Prof. Dr. med. HERBERT JORDAN, Balneobioklimatologie – Eine Zielstellung im Mensch-Umwelt-Konzept 1981. 25 Seiten – 8 Abbildungen – 1 Tabelle – 8° – M 4,–

Band 115

Heft 1 Prof. Dr. rer. nat. HERRMANN BERG, Wilhelm Ostwald – Erkenntnisse über die Biosphäre
1981. 36 Seiten – 7 Abbildungen – 3 Tabellen – 8° – M 6,–

Heft 2 Prof. Dr. sc. KLAUS DÖRTER, Aphorismen zur Qualität des Bewässerungswassers
1981. 31 Seiten – 11 Abbildungen – 11 Tabellen – 8° – M 6,–

Heft 3 Prof. Dr. Ing. Dr. rer. nat. h. c. PAUL GÖRLICH, Die geschichtliche Entwicklung des wissenschaftlichen Gerätebaus und seine zukünftige Bedeutung 1981. 36 Seiten – 8° – M 6,–

Heft 4 Prof. Dr. WOLFGANG BUCHHEIM, Albert Einstein als Wegbereiter nachklassischer Physik
1981. 29 Seiten – 8° – M 4,–

Heft 5 Prof. Dr.-Ing. HERBERT KRUG, Die Technologie der Brikettierung von Weichbraunkohle im Lichte der Verfahrenstechnik und der besseren Nutzung dieses Energieträgers
1982. 20 Seiten – 13 Abbildungen – 8° – M 3,–

Heft 6 Prof. Dr. ERNST NEEF, Der Verlust der Anschaulichkeit in der Geographie und das Problem der Kulturlandschaft 1981. 34 Seiten – 8° – M 5,–

Band 116

Heft 1 Prof. Dr. med. WERNER RIES, Studien zum biologischen Alter
1982. 27 Seiten – 10 Abbildungen – 8° – M 4,–

Heft 2 Prof. Dr. RUDOLF SACHSENWEGER, Augenunabhängige optosensorische Wahrnehmungsformen
1983. 19 Seiten – 8° – M 4,–

Heft 3 Prof. Dr. HANS-GEORG SCHÖPF, Die Griechen und die Natur 1983. 62 Seiten – 8° – M 8,–

Heft 4 Prof. Dr. Ing. JÁN BENETIN, Mathematisches Modell für das Wachstum von landwirtschaftlichen Kulturen und seine Verwertung in der quantitativen Beurteilung des Bewässerungseffektes auf die Steigerung der Ernteerträge. 1983. 36 Seiten – 18 Abbildungen – 3 Tabellen – 8° – M 6,–

Heft 5 Prof. Dr. HANS DRISCHEL †, Neues über die Pupille
1983. 30 Seiten – 26 Abbildungen – 8° – M 4,–

Heft 6 Prof. Dr. BENNO PARTHIER, Der Beitrag der Molekularbiologie zur Evolutionserkenntnis
1983. 41 Seiten – 19 Abbildungen – 2 Tabellen – 8° – M 6,–

Heft 7 Prof. Dr. ADOLF WATZNAUER, Die Rolle des Radons (Isotop ^{222}Rn) als Umweltfaktor – eine Übersicht
1983. 34 Seiten – 3 Abbildungen – 4 Tabellen – 8° – M 5,–

Bei Fragen zur Produktsicherheit wenden Sie sich bitte an:
If you have any questions regarding product safety,
please contact:

Walter de Gruyter GmbH
Genthiner Straße 13
10785 Berlin
productsafety@degruyterbrill.com